不一样的超级车辆

Monster Vehicles

巨型车辆

[英] 约翰·阿兰（John Allan） 著

朱之翀 译

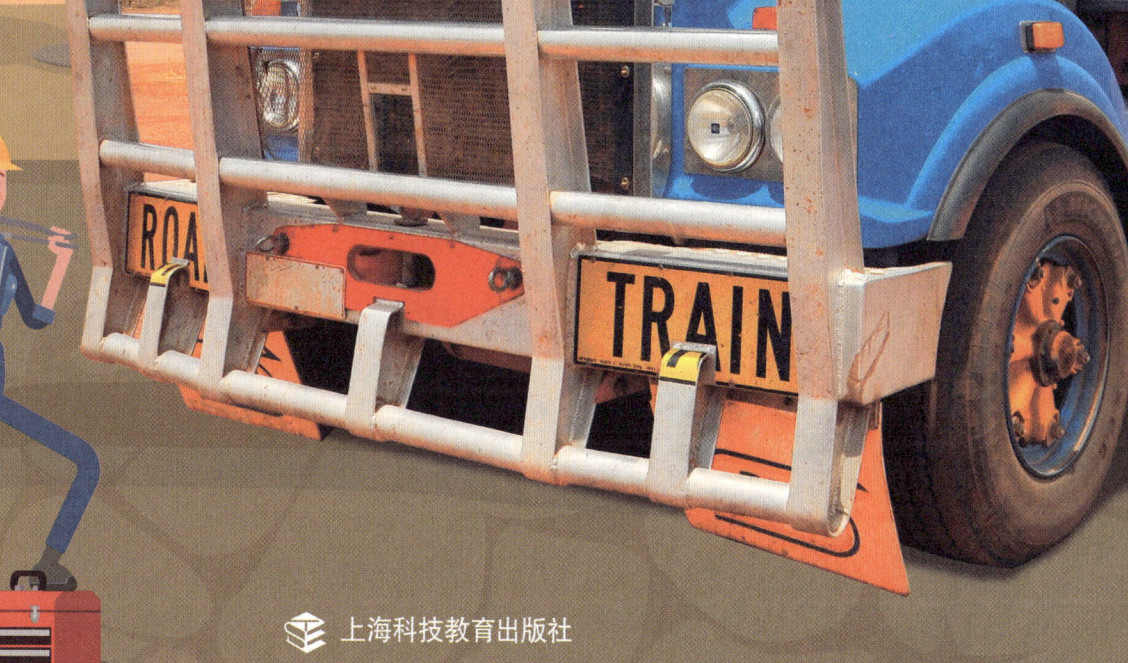

上海科技教育出版社

图书在版编目(CIP)数据

巨型车辆/(英)约翰·阿兰著；朱之翀译. —上海：上海科技教育出版社,2020.5

("不一样的超级车辆"丛书)

书名原文：Monster Vehicles

ISBN 978-7-5428-7230-2

Ⅰ.①巨… Ⅱ.①约… ②朱… Ⅲ.①载重汽车—青少年读物 Ⅳ.①U469.2-49

中国版本图书馆CIP数据核字(2020)第040494号

目　录

超厉害的机修工 / 4

汽车起重机 / 6

巨型拖拉机 / 8

澳大利亚公路列车 / 10

巨型采矿机 / 12

巨型浮式起重机 / 14

NASA履带运输车 / 16

巨型BeLAZ-75710自卸车 / 18

"道奇"牌动力货车 / 20

安-225运输机 / 22

超厉害的机修工

我们是超厉害的机修工,欢迎来到我们的车间。

我们为一些神奇的车辆服务,以下是我们修理车辆时要用到的一些工具。

一名优秀的机修工必须保持自己的工具摆放有序。

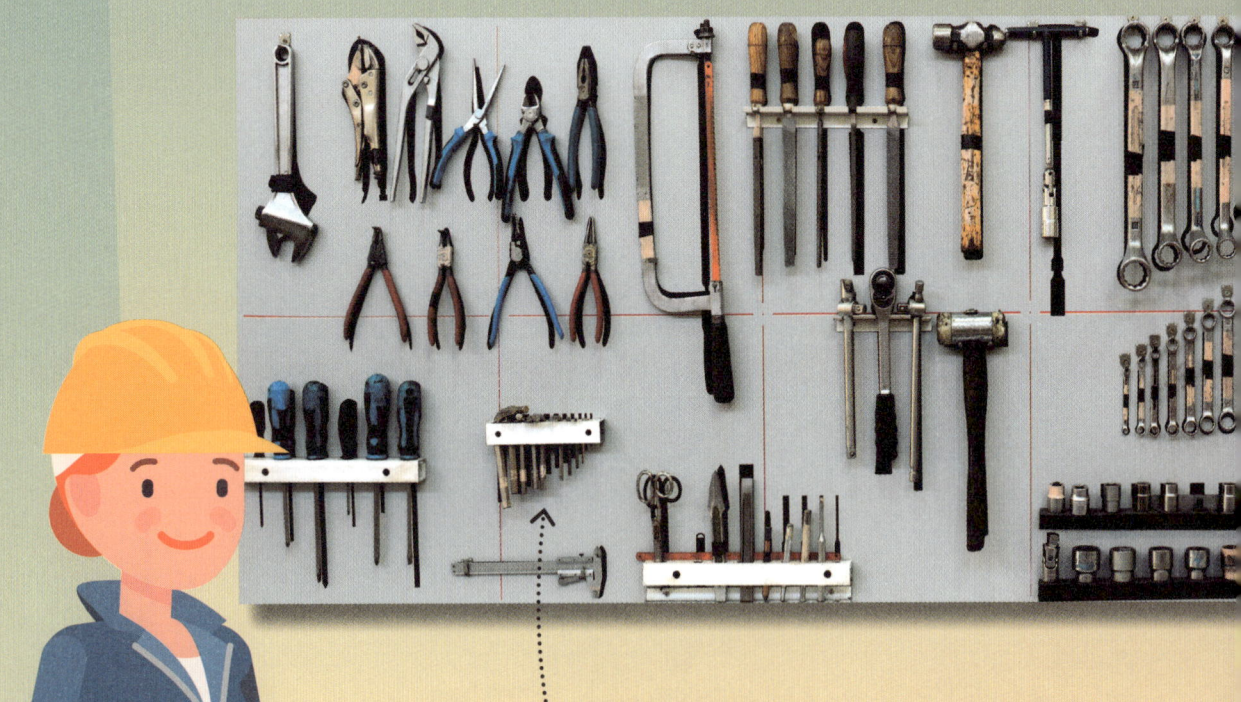

内六角扳手(又称艾伦扳手)是用来旋拧螺母和螺栓的。螺栓的顶端有六边形牙槽。

无人机能在车辆上空飞行，观察车辆是否出现了故障。

当检查车辆底部或者其他昏暗的区域时，手电筒就可以派上用场了。

汽车起重机

汽车起重机利用车轮移动。它有两个驾驶室,一个用于驾驶员控制起重机,另一个用于驾驶员驾驶汽车。

这台起重机正在吊起一个沉重的混凝土结构。

这是起重机驾驶室。

名为支腿的金属支柱,它们的作用是提高起重机的稳定性。

这是吊杆,能够伸到6层楼高的建筑物的顶端。

巨型拖拉机

巨型拖拉机工作在北美的大片田野上。它们可以不间断地工作24小时。

美国的一些麦田非常广阔，拖拉机从麦田的一端行驶到另一端需要1个小时。

这8个轮子确保拖拉机不会陷入泥泞的地面。

拖拉机经常在夜间工作，因此需要灯光，这样驾驶员才能看清行进的方向。

巨大的轮胎每个都有2.5米高。

澳大利亚公路列车

这些巨型卡车是澳大利亚的"道路之王"。它们长途跋涉运送货物。

强大的发动机确保它们即使运载着沉重的货物也能高速行驶。

这列公路列车正驶过澳大利亚的一个偏远地区。

这辆卡车正拉着3辆拖车。

油箱加满后,可以保证车辆行驶1600千米。

巨型采矿机

这种巨大的机器称作斗轮挖掘机,专门用于挖煤。

这些缆索用于升降斗轮的高度,斗轮最低可接触到地面。

当轮子旋转时,铲斗把煤块从矿山上刮下来。

这些铲斗一天能刮出4万斗煤。

煤由这个机械臂内的移动轨道输送。

挖掘机依靠这种履带式车轮缓慢移动。

巨型浮式起重机

有的起重机"漂浮"在水面上。它们主要用于在石油钻井平台上工作以及在水上架设桥梁。

这台起重机正在把一艘刚刚完工的新船吊下水。

浮式起重机利用坚固的缆索将大型船舶从水中吊起来。

人们每次都要在这些起重机上睡觉、吃饭和工作好几天。

NASA履带运输车

这是世界上最大的运输设备。它将美国国家航空航天局（NASA）的火箭和宇宙飞船等运送至它们的发射台。

当运载货物时，履带运输车行驶的速度比人走路的速度还慢。

这台履带牵引装置将一架航天飞机运送至发射台。

这台履带牵引装置的每个角上都有两条用于驱动的履带。

巨型BeLAZ-75710自卸车

这辆巨型自动倾卸式卡车主要用于装载矿井中挖出的矿物（故称矿用自卸车）。它的车身可以倾斜，这样货物就会自动卸下。

这种卡车的体积太大，它无法在一般的道路上行驶。

这辆卡车的载重量为440吨。

驾驶员必须利用梯子才能进入驾驶室。

巨大的轮子比一个成年人还要高。

"道奇"牌动力货车

这是一辆巨型"道奇"牌动力货车——世界上最大的汽车。

它的挡风玻璃刮水器来自一艘游轮。

内部有4间卧室和1个卫生间。

后挡板可以降低高度,形成一个观景平台。

它的车轮来自一辆石油钻机运输车。

安-225运输机

这是世界上最长的飞机,机身全长84米,它还拥有最宽的翼展。

这种不可思议的飞机只有一架曾在2018年飞行过,它们大部分是为未来的计划准备的。

安-225保持着世界上最重单负载飞行纪录。

为了装载一架直升机，飞机的机头被抬了起来。

6个喷气式发动机为飞机飞行提供动力。

飞机利用32个轮子着陆和起飞。

Monster Vehicles
By
John Allan
Original title Copyright © 2019 Hungry Tomato Ltd
First published 2019 by Hungry Tomato Ltd
Chinese Simplified Character Copyright © 2020 by
Shanghai Scientific & Technological Education Publishing House
Published by agreement with Hungry Tomato Ltd
ALL RIGHTS RESERVED
上海科技教育出版社业经Hungry Tomato Ltd授权
取得本书中文简体字版版权

责任编辑　侯慧菊
封面设计　杨　静

"不一样的超级车辆"丛书
巨型车辆
［英］约翰·阿兰（John Allan）著
朱之翀　译

出版发行	上海科技教育出版社有限公司 （上海市柳州路218号　邮政编码200235）
网　　址	www.sste.com　www.ewen.co
经　　销	各地新华书店
印　　刷	常熟市文化印刷有限公司
开　　本	787×1092 mm　1/16
印　　张	1.5
版　　次	2020年5月第1版
印　　次	2020年5月第1次印刷
书　　号	ISBN 978-7-5428-7230-2/N·1086
图　　字	09-2019-372号

不一样的超级车辆
Construction Vehicles
工程车辆

[英] 约翰·阿兰（John Allan） 著

朱之翀 译

上海科技教育出版社

图书在版编目(CIP)数据

工程车辆/(英)约翰·阿兰著;朱之翀译. —上海:上海科技教育出版社,2020.5
("不一样的超级车辆"丛书)
书名原文:Construction Vehicles
ISBN 978-7-5428-7230-2

Ⅰ.①工… Ⅱ.①约… ②朱… Ⅲ.①工程车—青少年读物 Ⅳ.①U469.6-49

中国版本图书馆CIP数据核字(2020)第040496号

目　录

超厉害的机修工 / 4

挖掘机 / 6

自卸车 / 8

混凝土搅拌车 / 10

履带挖掘机 / 12

风钻机 / 14

压路机 / 16

推土机 / 18

铺路机 / 20

液压钻机 / 22

超厉害的机修工

大头锤可用于破坏车辆的某些零部件。

螺丝刀是用来拧紧螺钉的。

我们是超厉害的机修工,欢迎来到我们的车间。

我们为一些神奇的车辆服务,以下是我们修理车辆时要用到的一些工具。

这是一把钢锯,是用来切割金属薄片的。

一名优秀的机修工需要一把卷尺。

挖掘机

挖掘机有许多种型号，大小也不同，它们主要用于凿洞/掘地/挖土。以下这款被称为大型挖掘机。

通过操纵液压杆的伸缩，驾驶员可控制挖掘动臂的运动。

如果是挖小的洞或沟渠，你只需要小型挖掘机。

这支长长的机械臂称为动臂。

这个叫作铲斗柄，因为它可以控制铲斗在地面上铲进铲出。

这些金属齿保证铲斗能轻松地铲入地面。

自卸车

自卸车能够在装载大量货物的前提下抬起车身,使得货物直接倾泻而下。有些小型的自卸车也被叫作翻斗车。

这辆自卸车运载着大量的黄沙。

顶部挡板可以避免驾驶室被落石砸坏。

这支长伸缩杆将车身高高抬起,使车内所有的货物都倾泻干净。

这辆自卸车有10个车轮,车身旁还有一个备用轮。

混凝土搅拌车

这辆车可以制备并运输混凝土到建筑工地上。它将黄沙、碎石、水和水泥搅拌混合在一起,制成混凝土。

这是水箱。

混凝土从车辆后部的金属管道中流出。

这个大桶一分钟大约旋转8次。

水泥、碎石和黄沙是从这里灌进去的。

履带挖掘机

利用履带而不是轮胎行驶的大型挖掘机被称为履带挖掘机。履带能保证车辆在泥泞的路面上正常行进而不会打滑。

驾驶员需要爬上梯子才能进入驾驶室。

无线电天线。

驾驶员座位。

这种大型挖掘机主要用于拆除、挖掘及修路等大型工程。

这个巨大的铲斗一次可以铲起满满500铁锹的土。

风钻机

这也是一种挖掘机,它的机臂末端有一个巨大的钻头,主要用于破开混凝土。

这个钻头把混凝土捣碎成小块,方便运输。

小块的混凝土再由小型风钻碎成更小块。

这是控制钻头的装置。

这种风钻挖掘机装有稳定器,以确保钻头上下运动时机身保持平稳。

压路机

每新修一条道路都需要用到压路机，以确保路面平整。压路机利用它沉重的金属滚轮来压平路面。

后车架上装有轮胎——有些压路机的后车架上也装滚筒。

滚筒将待修整的路面压平了，但未压过的路面还是粗糙的。

一个滚筒的重量相当于18辆小轿车的重量。

为了增加重量，滚筒内还可以装黄沙或者水。

17

推土机

推土机用一个巨大的金属铲把路中间的树桩、泥土和石头等杂物推开。它们把一大片将用于建造房屋的区域清理干净，这种工作称作推土。

这种推土机主要用于繁重的清理作业。它装有履带，确保能在泥泞的道路上行驶而不会打滑。

这种有弧度的铲片有助于清理杂物。

车前灯有助于驾驶员在不利天气及夜晚时看清道路。

这个金属臂被称为斜杆,用于抬起推土铲。

铺路机

铺路机的工作是把一层沥青铺在路面上。沥青是热焦油和碎石的混合物,也是大部分道路最表层的物质。

随着铺路机一路行驶,热的沥青从车辆后部流至地面。

随着热的沥青流出,一块金属板立刻把它摊平成薄薄的一层。

铺设路面时,首先由平地机把一层碎石平坦地铺在路面上,接着由铺路机在上面铺沥青。

铺路机的前部被称为料斗,沥青就储存在这里。

沥青冷却后会变得十分坚硬。

液压钻机

液压钻机主要用于在施工现场挖掘巨大的洞。钻机前部的钻头称为螺旋钻。

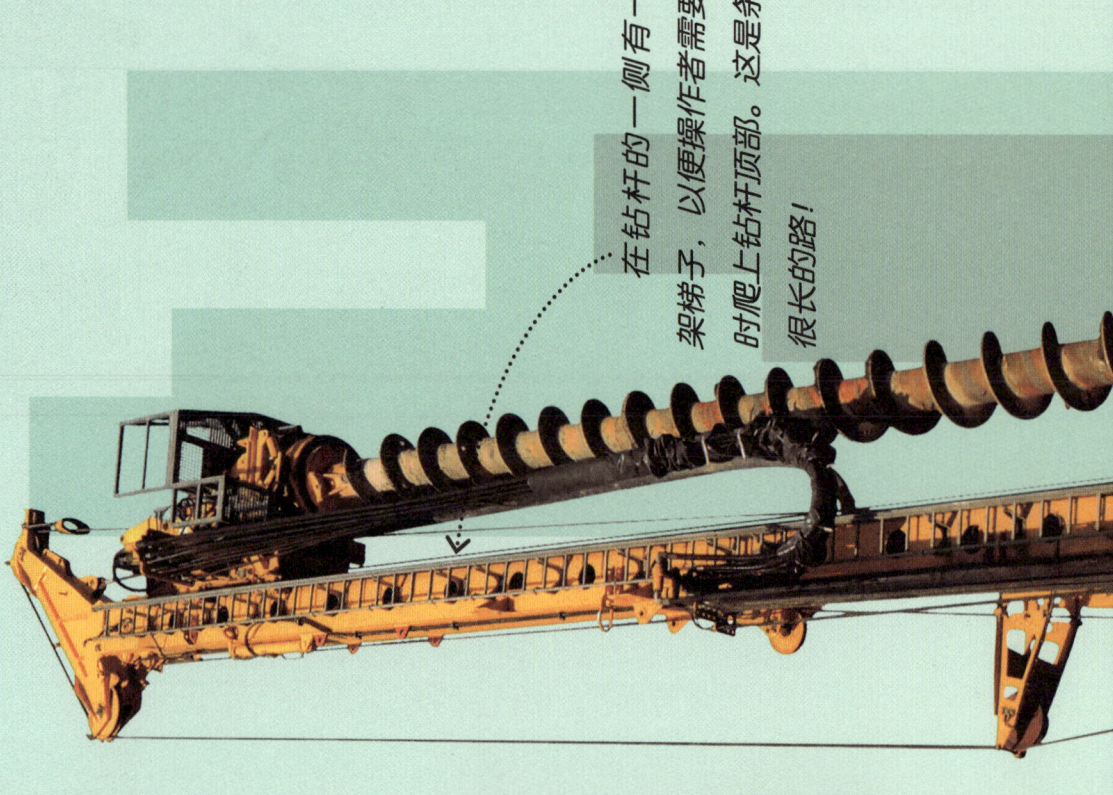

在钻杆的一侧有一架梯子,以便操作者需要时爬上钻杆顶部。这是条很长的路!

这个建筑工地上有3台液压钻机,正在为浇铸一栋新建筑的地基打洞。

驾驶员坐在车辆底部的驾驶室内操作。

这个部件箍紧了螺旋钻,使得钻头在打入地下的时候保持平稳。

这根机械臂用于倾斜螺旋钻,使后者可以笔直地或者以某个角度打入地下。

Construction Vehicles
By
John Allan
Original title Copyright © 2019 Hungry Tomato Ltd
First published 2019 by Hungry Tomato Ltd
Chinese Simplified Character Copyright © 2020 by
Shanghai Scientific & Technological Education Publishing House
Published by agreement with Hungry Tomato Ltd
ALL RIGHTS RESERVED
上海科技教育出版社业经Hungry Tomato Ltd授权
取得本书中文简体字版版权

责任编辑　侯慧菊
封面设计　杨　静

"不一样的超级车辆"丛书
工程车辆
［英］约翰·阿兰（John Allan）著
朱之翀　译

出版发行		上海科技教育出版社有限公司
		（上海市柳州路218号　邮政编码200235）
网	址	www.sste.com　www.ewen.co
经	销	各地新华书店
印	刷	常熟市文化印刷有限公司
开	本	787×1092 mm　1/16
印	张	1.5
版	次	2020年5月第1版
印	次	2020年5月第1次印刷
书	号	ISBN 978-7-5428-7230-2/N·1086
图	字	09-2019-370号

不一样的超级车辆

Trucks and Tractors

卡车和拖拉机

[英] 约翰·阿兰（John Allan） 著

朱之翀 译

上海科技教育出版社

图书在版编目(CIP)数据

卡车和拖拉机/(英)约翰·阿兰著;朱之翀译.—上海:
上海科技教育出版社,2020.5
("不一样的超级车辆"丛书)
书名原文:Trucks and Tractors
ISBN 978-7-5428-7230-2

Ⅰ.①卡… Ⅱ.①约… ②朱… Ⅲ.①载重汽车—青少年读物 Ⅳ.①U469.2-49

中国版本图书馆CIP数据核字(2020)第040495号

目 录

超厉害的机修工 / 4

拖拉机 / 6

拖拉机和耕犁 / 8

联合收割机 / 10

重型卡车 / 12

垃圾车 / 14

油槽车 / 16

巨轮卡车 / 18

低车架拖车 / 20

清障车 / 22

超厉害的机修工

扳手用于松紧螺母。

螺母和螺栓用于将车辆的零部件连在一起。

我们用千斤顶抬起车辆,这样机修工就能在车身下方工作了。

我们是超厉害的机修工,欢迎来到我们的车间。我们为一些神奇的车辆服务,以下是我们修理车辆时要用到的一些工具。

钳子可以夹住圆形物体。

一名优秀机修工的工具箱通常都很整洁,里面装着他/她所需要的工具。

拖拉机

拖拉机可以在农场上干很多活。无论晴天、雨天还是雪天，它们都能正常作业。

这台拖拉机正在搬运一卷稻草。

后视镜能让驾驶员看到车辆后方的物体。

驾驶室是驾驶员工作的地方。

拖拉机有又硬又厚的轮胎,以保证能抓紧泥泞的地面(而不打滑)。

拖拉机前部的车轮较小,这有助于车辆小圈转向。

7

拖拉机和耕犁

这辆拖拉机正拉着一架耕犁开垦土地。随后农民就能在地里播种庄稼。

这辆拖拉机正推着耕犁犁田。

这个装置叫作犁壁,用于翻地。

这些金属刀片叫作犁刀,能垂直插入泥土中。

9

联合收割机

联合收割机可以一次完成两项工作。它先收割庄稼并将庄稼收拢到一起,然后把谷粒从庄稼秸秆上打落下来。

秸秆从联合收割机中排出。

联合收割机收割并吸入庄稼。

当谷仓装满谷粒以后，所有这些谷粒被倒入一辆拖车中。

在收割机内部，一个滚筒旋转着完成脱粒过程。

这排钉子把割下的庄稼推入收割机内部。

刀片切割庄稼根部。

11

重型卡车

重型卡车有着强大的发动机，可以牵引沉重的挂车。为了运送货物，它们可以长途行驶上万千米。

重型卡车有一个声音响亮的喇叭。

刺鼻的烟雾从废气管中排出。

挂车连接在重型卡车上，用于装载沉重的货物。

有的驾驶室很大，司机能在里面休息。

重型卡车很耗油，因此需要巨大的油箱。

垃圾车

垃圾车收走我们家里产生的垃圾,保持城市和乡村的整洁。

这是一辆后装式垃圾车。

城市里的垃圾车
每天早上收走垃圾。

这些操纵装置控制着车上的机械设备。

垃圾堆放在车辆后部，在这里被压扁压碎。

当这个机关启动后，垃圾就倾倒出车厢。

油槽车

这辆油槽车正在运输用于车辆行驶和家庭取暖的燃料。油槽车除了运输液体，也可以运输粉末和气体。

燃料是危险品，车辆行驶时必须非常小心，所以油槽车的驾驶员都经过专业培训。

油槽车上都有警示标识，标明里面装载的是什么物体。

油槽车的车体侧面是弯曲的，这比平面更坚固。

在加油站,油槽车把车载燃料灌进地下的油仓中。

巨轮卡车

这台令人震撼的机器是一辆客货两用车,可在颠簸、泥泞的道路上高速行驶。它的车身被造得很高,所以行驶时能够跨过路面上的一切障碍物。

发动机的动力能够传到4个车轮上。

每个车轮都比一个成年人还要高。

这个车轮将被安装到巨轮卡车上。

这是巨型减震器。它就像海绵一样,能够在车子通过路面上的拱起时起到缓冲作用。

低车架拖车

低车架拖车的车架部分低至贴近地面,这样它就能轻松地装载和卸下沉重的货物。这辆低车架拖车装载了一辆自卸车。

这辆自卸车比车架宽,为了安全,上路时可让另一辆车打着闪光灯在拖车前行驶,提醒其他车辆避让。

拖车有很多轮子,帮助承载沉重的货物。

这台挖掘机正从车架上卸下,即将开始工作。

电缆为拖车的刹车和车灯输送电能。

清障车

　　当车辆出现故障或发生事故时，清障车就派上用场了。它可以让故障车辆脱离困境，然后再将它拖走。

这辆卡车出了故障,正被拖去汽修厂修理。

这根缆绳由金属丝制成,十分坚韧。

这根粗大的杆子称为拖臂。

大吊钩(吊耳)用于勾起需要救援的车辆。

工具储存在车辆一侧的隔间里。

23

Trucks and Tractors
By
John Allan
Original title Copyright © 2019 Hungry Tomato Ltd
First published 2019 by Hungry Tomato Ltd
Chinese Simplified Character Copyright © 2020 by
Shanghai Scientific & Technological Education Publishing House
Published by agreement with Hungry Tomato Ltd
ALL RIGHTS RESERVED
上海科技教育出版社业经 Hungry Tomato Ltd 授权
取得本书中文简体字版版权

责任编辑　侯慧菊
封面设计　杨　静

"不一样的超级车辆"丛书
卡车和拖拉机
［英］约翰·阿兰（John Allan）　著
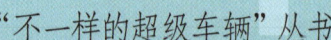
朱之翀　译

出版发行　上海科技教育出版社有限公司
（上海市柳州路218号　邮政编码200235）
网　　址　www.sste.com　www.ewen.co
经　　销　各地新华书店
印　　刷　常熟市文化印刷有限公司
开　　本　787×1092 mm　1/16
印　　张　1.5
版　　次　2020年5月第1版
印　　次　2020年5月第1次印刷
书　　号　ISBN 978-7-5428-7230-2/N·1086
图　　字　09-2019-373号

不一样的超级车辆
Emergency Vehicles
救援交通工具

[英] 约翰·阿兰（John Allan） 著

朱之翀 译

上海科技教育出版社

图书在版编目(CIP)数据

救援交通工具/(英)约翰·阿兰著;朱之翀译.—上海:上海科技教育出版社,2020.5
("不一样的超级车辆"丛书)
书名原文:Emergency Vehicles
ISBN 978-7-5428-7230-2

Ⅰ.①救… Ⅱ.①约… ②朱… Ⅲ.①救援车—青少年读物 Ⅳ.①U273.93-49

中国版本图书馆CIP数据核字(2020)第058895号

目 录

超厉害的机修工 / 4

救护车 / 6

消防车 / 8

搜救直升机 / 10

消防船 / 12

警车 / 14

机场消防车 / 16

救援潜水器 / 18

除雪车 / 20

救生艇 / 22

超厉害的机修工

这是一把羊角锤,一端用于拔出钉子,另一端用于敲打坚硬的物体。

救援人员通常使用这种角磨机打开故障车门。

我们是厉害的机修工，欢迎来到我们的车间。

我们为一些神奇的救援车辆服务，下面是救援人员和我们经常使用的一些工具。

我们需要一个大扳手来拆下大螺栓。

所有的救援车辆都配有灭火器，用于灭火。

救护车

救护车将紧急情况下的病人或伤员送往医院。救护车上配置了很多用于维持被救者生命的设备,甚至还有帮助孕妇分娩的工具。

救护车顶上有响亮的喇叭和闪亮的警灯,用于在驶往急救中心途中示意路人"让开"。

每辆救护车都配备一台对讲机,以便医护人员及时向医院通报病人的最新情况。

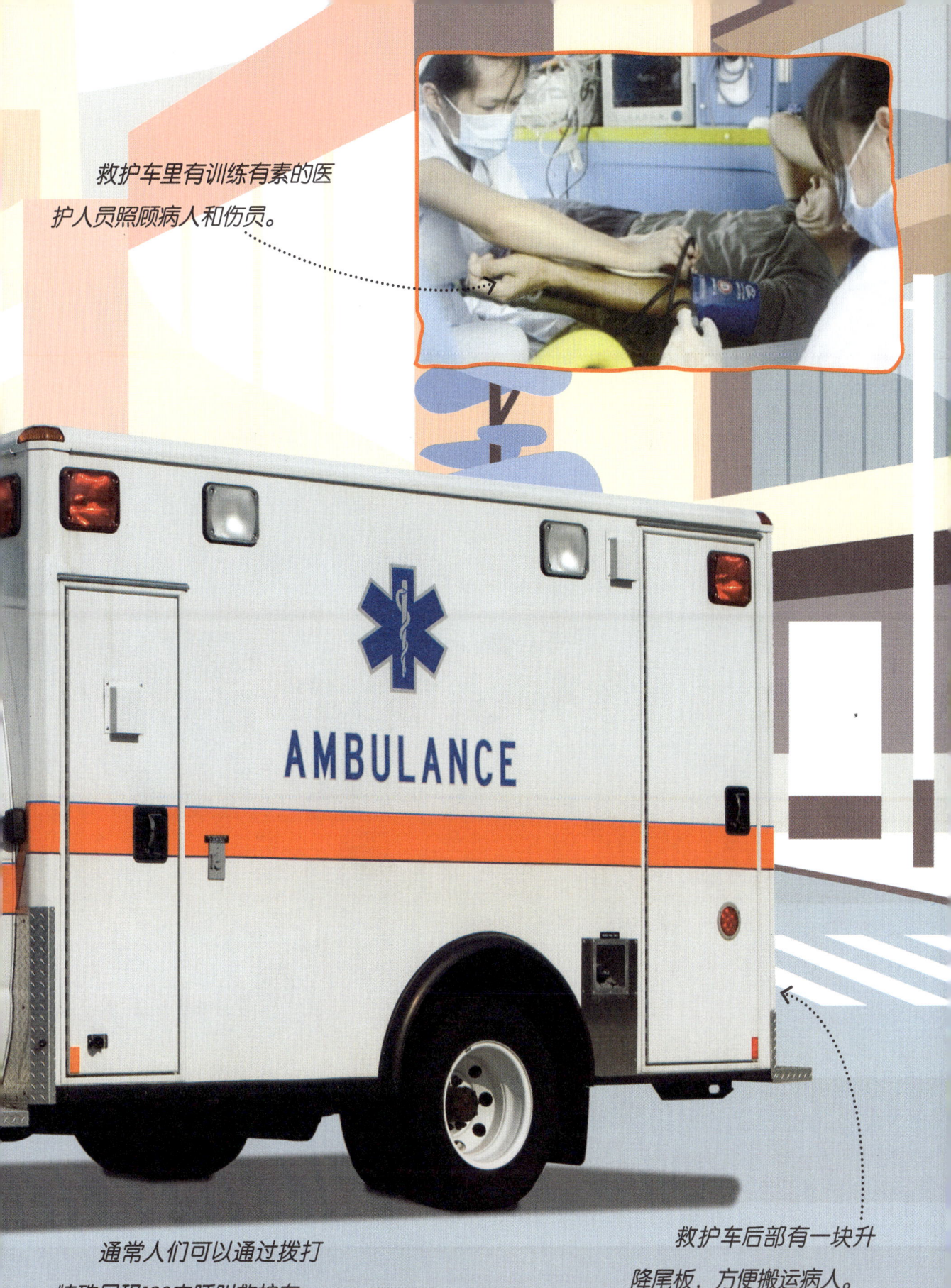

救护车里有训练有素的医护人员照顾病人和伤员。

通常人们可以通过拨打特殊号码120来呼叫救护车。

救护车后部有一块升降尾板，方便搬运病人。

消防车

消防车负责运送消防队员到火灾现场,车上配置了灭火和救人所需的所有设备。一辆消防车最多能载8名消防队员。

每辆消防车内部都有一个大水箱,储存用来灭火的水。

这辆消防车正在扑灭道路一侧的大火。

水通过软管喷洒到火焰上。当软管不使用时,它们会被压扁、折叠后存放在此处。

梯子用于救人,有时还用于救护动物。

水管通过这个阀门连接水箱。

搜救直升机

这是MH-65"海豚"号搜救直升机。它搭载两名驾驶员、一名飞行技师和一名救生员。

这些旋翼将直升机送入空中。直升机的飞行速度可达每小时320千米。

飞机起飞后,这些轮子会被收入直升机体内。

一名救生员吊在直升机下,正准备前去营救水中的人。

它有两个强有力的发动机。

这个小旋翼用于控制直升机的飞行方向。

消防船

消防船用于扑灭发生在船只上和邻水建筑物中的火灾。船上有功率很大的水泵将水喷射到火焰上。消防船从船周围的水域取水。

消防船有时向空中喷水，以表示对（周围水域中）具有历史意义的船只或海军舰艇的欢迎。

消防船可将医生和医护人员送到发生紧急情况的地方。

这是喷嘴,水就是从这里被喷射到火上的。喷嘴可以将水喷到120米远的地方。

救生圈可以扔给水中的任何人。

船长在一个叫作"桥楼"的房间里操控消防船。

警车

警车用于巡逻或应对突发的犯罪行为。它们本身的颜色明显与众不同,所以人们可以很容易地识别。警车可以高速追捕逃跑中的罪犯。

警车的时速可达200千米/时以上。

警车车顶上有闪烁的警灯和一个响亮的警笛，提醒人们警察来了。

这名警察正在使用一台车载电脑。它用来与公安部门保持联系。

警车有特别坚固的侧门，以保护车内的警察。

机场消防车

机场消防车是一种专门用于扑救机场火灾的卡车。它们的体形通常非常庞大。

这种消防车不需要配备很长的梯子,因为飞机一般没有高层建筑那么高。

这种消防车有很大的轮子,以确保它们即使在飞机残骸中也可以正常行驶。

机场消防车有强大的喷嘴，可以向燃烧的飞机喷射泡沫。泡沫能闷住火焰，达到灭火的目的。

机场消防车的储槽中储存着大量泡沫。

救援潜水器

这是一个救援潜水器，能把船员从发生了故障的潜艇中营救出来。救援潜水器一般由母舰运送到救援现场。

当潜水器浮在水面上时，船员在这里控制潜水器。

这艘潜水器甚至能把世界上最大潜水艇里面的所有船员都救出来。

这艘潜水器刚刚返回水面,即将被装回到它的母舰上去。

这个圆管是潜水器与潜艇相连的地方。船员可以通过它爬到安全的地方。

除雪车

当道路被积雪挡住后,除雪车就派上用场了,它可以集雪并把雪吹到路边。

雪从这个抛雪筒中抛出,远离道路。

除雪车一路行驶,在雪地中清理出一条道路。

强大的前照灯让驾驶员能在黑暗中看清路况。

前方滚筒上的刀片用于铲切积雪。随着滚筒的旋转,雪被卷入抛雪筒。

除雪车有两个发动机,一个负责车辆的行进,另一个负责滚筒的旋转。

轮上的链条保证车辆不会在雪地上打滑。

救生艇

这是一艘用于在水上救人的救生艇,它可以在任何天气、甚至刮飓风的情况下航行。即使船只整个翻转,救生艇仍能继续航行。

这艘救生艇正在水面上巡逻。

即使船只翻转,海水也无法渗入这扇门中。

天气晴朗时,船员可以在船顶操控这艘船。

天气恶劣时,船员留在船舱内部,在这里操控船只。

窗户上装有挡风玻璃刮水器。刮水器将雨滴和水雾刮走,使驾驶员能看清船只行驶的方向。

Emergency Vehicles
By
John Allan
Original title Copyright © 2019 Hungry Tomato Ltd
First published 2019 by Hungry Tomato Ltd
Chinese Simplified Character Copyright © 2020 by
Shanghai Scientific & Technological Education Publishing House
Published by agreement with Hungry Tomato Ltd
ALL RIGHTS RESERVED

上海科技教育出版社业经 Hungry Tomato Ltd 授权
取得本书中文简体字版版权

责任编辑　侯慧菊
封面设计　杨　静

"不一样的超级车辆"丛书
救援交通工具
［英］约翰·阿兰（John Allan）　著
朱之翀　译

出版发行	上海科技教育出版社有限公司	
	（上海市柳州路218号　邮政编码200235）	
网　　址	www.sste.com　　www.ewen.co	
经　　销	各地新华书店	
印　　刷	常熟市文化印刷有限公司	
开　　本	787×1092 mm　1/16	
印　　张	1.5	
版　　次	2020年5月第1版	
印　　次	2020年5月第1次印刷	
书　　号	ISBN 978-7-5428-7230-2/N·1086	
图　　字	09-2019-371号	
定　　价	60.00元（共4册）	